AF453329

NOUVELLE MÉTHODE

DE CULTIVER

LA VIGNE

DANS TOUT LE ROYAUME;

Plus économique & plus favorable à la perfection du Vin, que la Méthode ordinaire :

PROUVÉE PAR DES EXPÉRIENCES.

Par M. MAUPIN, ancien Valet de Chambre de la Reine.

A PARIS;

Chez MUSIER fils, Libraire, quai des Augustins.

M. DCC. LXIII.

Avec Approbation & Privilege du Roi.

XXXXXXXXXXXXXXXXXXXXXXX

TABLE
DES CHAPITRES.

FIN de la Table.

APPROBATION.

J'AI lu, par ordre de Monseigneur le Chancelier, un Manuscrit qui a pour titre : *Nouvelle Méthode de cultiver la Vigne dans tout le Royaume, plus économique & plus favorable à la perfection du Vin que la Méthode ordinaire, &c.* & je n'y ai rien trouvé qui me parût devoir en empêcher l'impression. A Paris, ce 20 Janvier 1763.

MASSON.

PRIVILEGE DU ROI.

LOUIS, par la grace de Dieu, Roi de France & de Navarre, à nos amés & féaux Conseillers, les Gens tenant nos Cours de Parlement, Maîtres des Requêtes ordinaires de notre Hôtel, Grand-Conseil, Prévôt de Paris, Baillifs, Sénéchaux, leurs Lieutenans Civils, & autres nos Justiciers qu'il appartiendra : SALUT. Notre amé le Sieur MAUPIN, Nous a fait exposer qu'il desireroit faire imprimer & donner au public un Ouvrage qui a pour titre : *Nouvelle Méthode de cultiver la Vigne, prouvée par l'expérience,* s'il Nous plaisoit lui accorder nos Lettres de Privilege pour ce nécessaires. A CES CAUSES, voulant favorablement traiter l'Expofant ; Nous lui avons permis & permettons par ces Préfentes, de faire imprimer ledit Ouvrage autant de fois que bon lui femblera, & de le faire vendre & débiter par tout notre Royaume, pendant le temps de fix années confécutives, à compter du jour de la date des Préfentes. Faifons défenfes à tous Imprimeurs, Libraires & autres perfonnes de quelque qualité & condition qu'elles foient, d'en introduire d'impreffion étrangere dans aucun lieu de notre obéiffance ; comme auffi d'imprimer ou faire imprimer, vendre, faire vendre, débiter, ni contrefaire ledit Ouvrage, ni d'en faire aucun Extrait, fous quelque prétexte que ce puiffe être, fans la permiffion expreffe & par écrit dudit Expofant, ou de ceux qui auront droit de lui ; à peine de confifcation des Exemplaires contrefaits, de trois mille livres d'amende contre chacun des Contrevenants, dont un tiers à Nous, un tiers à l'Hôtel-Dieu de Paris, & l'autre tiers audit Expofant, ou à celui qui aura droit de lui, & de tous dépens, dommages & intérêts : A la charge que ces Préfentes feront enregiftrées tout au long fur le Regiftre de la Communauté des Imprimeurs & Libraires de Paris, dans trois mois de la date d'icelles ; que l'impreffion dudit Ouvrage fera faite dans notre Royaume & non ailleurs, en bon papier & beaux caracteres, conformément à la feuille imprimée attachée pour modéle fous le contre-fcel des Préfentes ; que l'Impétrant fe conformera en tout aux Réglemens de la Librairie, & notamment à celui du 10 Avril 1725 ; qu'avant de l'expofer en vente, le Manufcrit qui aura fervi de copie à l'impreffion dudit Ouvrage, fera remis dans le même état où l'Approbation y aura été donnée, ès mains de notre très-cher & féal Chevalier, Chancelier de France, le fieur DE LAMOIGNON; & qu'il en fera enfuite remis deux Exemplaires dans notre Biblio-théque publique, un dans celle de notre Château du Louvre, un dans celle dudit fieur DE LAMOIGNON, & un dans celle de notre très-cher & féal Chevalier, Garde des Sceaux de France, le fieur FEYDEAU DE BROU; le tout à peine de nullité des Préfentes. Du contenu defquelles vous mandons & enjoi-gnons de faire jouir ledit Expofant & fes ayant caufe, pleinement & paifiblement, fans fouffrir qu'il leur foit fait aucun trou-ble ou empêchement. Voulons que la copie des Préfentes qui fera imprimée tout au long au commencement ou à la fin dudit Ouvra-ge, foit tenue pour duement fignifiée; & qu'aux copies collationnées par l'un de nos amés & féaux Confeillers-Sécrétaires, foi foit ajoutée comme à l'original: Comman-dons au premier notre Huiffier ou Sergent fur ce requis, de faire pour l'exécution d'i-celles tous actes requis & néceffaires, fans demander autre permiffion, & nonobftant Clameur de Haro, Charte Normande, & Lettres à ce contraires. CAR tel eft notre plaifir. DONNÉ à Paris, le neuvieme jour du mois de Mars, l'an de grace mil fept cens foixante-trois, & de notre regne le qua-rante-huitieme. Par le Roi en fon Confeil.

Signé, LE BEGUE.

NOUVELLE

NOUVELLE MÉTHODE

DE CULTIVER

LA VIGNE.

DISCOURS PRÉLIMINAIRE.

Les progrès & la perfection des différentes parties de l'Agriculture, le soulagement du Cultivateur ; voilà, sans doute, les objets les plus dignes de l'attention publique. Ils ont un rapport si direct & si prochain à la vie de l'homme, qu'on doit les regarder comme les plus importants pour lui. Rien de si essentiel que la subsistance, & rien de si beau que de s'en oc-

A

cuper. C'est être utile dans le genre d'utilité le plus distingué comme le plus précieux. Quelle estime & quelle reconnoissance ne devons-nous donc point aux savantes Sociétés qui consacrent leurs talents & leurs soins à enrichir* notre Agriculture, à chercher & à nous enseigner les moyens de fertiliser nos terres, enfin à répandre parmi nous l'abondance & tous les biens qui en font la suite? Mais ce n'est point assez pour l'Agriculteur de connoître & de sentir tout le prix de leurs bienfaits, il doit encore les seconder dans leurs travaux; il doit, à leur exemple, s'attacher à développer les vrais principes de l'Agriculture, à en étendre les progrès, & plus encore à en perfectionner les différentes parties. Il n'y en a aucune qui ne laisse encore beaucoup à desirer ; mais sur-tout la Vigne, par le vice de sa culture, demande la premiere & la plus grande attention : c'est ce qui m'a déterminé à en faire le sujet particulier de ce Traité.

La Vigne, après le Blé, est la branche de l'Agriculture la plus considérable, celle qui occupe le plus grand nombre de Cultivateurs, celle qui intéresse personnellement & directement le plus de Citoyens ; mais c'est aussi celle qui en appauvrit le plus. Le Vigneron même, pour lequel la Vigne doit être le moins avare, en est presque toujours la premiere victime. Sur dix, il n'y en a peut-être pas un qu'elle fasse vivre ; le reste est dans la misere : on peut en juger par la difficulté de la perception des impôts. Le Bourgeois, je le sais par expérience, n'en est pas mieux traité ;

il eſt ſouvent forcé de l'arracher, ou du moins de l'abandonner. Mais comment peut-il
ſe faire que la Vigne, qui eſt naturellement ſi féconde, cauſe
la ruine de celui qui la cultive ?
Quelles en peuvent être les
cauſes ? C'eſt, ſans doute, la
trop grande multiplication de
la Vigne : ce ſont nos mœurs,
qui, en nous rendant plus délicats & plus recherchés, nous
attachent aux plaiſirs du luxe,
aux plaiſirs artificiels, & nous
dégoûtent de ceux que la nature plus ſimple & plus vraie nous
offre ſans ceſſe dans les riches
productions de la terre. C'eſt
ſur-tout la maniere ſinguliere
& peu naturelle dont on cultive
la Vigne. La Vigne eſt peut-être
de toutes les plantes la plus
vivace, celle qui met le moins
de temps à croître & à ſe former, dont les racines pouſſent

en terre, s'étendent & s'alongent avec le plus de facilité ;
celle, par conséquent, qui demande le plus d'écart. Cependant, de tous les arbriffeaux, la
Vigne eft celui que l'on plante
le plus près-à-près. Les ceps,
au bout de quatre à cinq ans,
n'ont fouvent pas un pied, un
pied & demi de diftance entr'eux. Delà la néceffité, pour
les entretenir, de les fumer fans
ceffe ; delà mille opérations
auffi embarraffantes pour le Vigneron qu'onéreufes au Propriétaire ; delà un nombre infini de
frais & de dépenfes, dont l'effet
le plus certain eft l'appauvrif-
fement, & quelquefois la perte
du Cultivateur. Mais fi cela eft,
pourquoi donc cet empreffe-
ment général à planter & à conferver la Vigne ? C'eft parce que
la Vigne eft l'efpece de bien la
plus commode pour le Bour-

geois. C'eſt parce que ce dernier & le Vigneron ſéduits par
quelques ſuccès paſſagers, par
le rapport apparent de la Vigne,
comptent leur profit, plutôt ſur
la récolte que ſur les avances
qu'elle leur coûte ; c'eſt enfin
par inconſidération, par l'im-
preſſion d'un ancien préjugé qui
s'eſt tranſmis juſqu'à nous, que
la Vigne eſt un bien avantageux,
le meilleur bien. Et autrefois
cela étoit vrai ; mais on ne fait
pas attention que la trop grande multiplication de la Vigne,
peut-être auſſi la diminution de
la population, & bien certainement la révolution qui s'eſt faite
dans notre goût pour les plaiſirs & les excès de la table, en
augmentant, d'un côté, la production du vin, de l'autre, en
diminuent naturellement la con-
ſommation ; enſorte que la Vigne, qui véritablement étoit

autrefois un très-bon bien, en
eſt devenu aujourd'hui un fort
mauvais. Autrement, pourquoi
le Bourgeois, pourquoi le Vigneron délaiſſeroient - ils leurs
Vignes, comme cela ne ſe voit
que trop ſouvent ? Pourquoi,
dans la grande multitude des
Vignerons , y en a-t-il ſi peu
d'aiſés ? Pourquoi, de tous les
hommes qui travaillent la terre,
le Vigneron eſt-il le plus obéré,
le plus indigent ? Pourquoi ?
Mais non : ſans m'arrêter davantage à démontrer l'épuiſement du Vigneron, & l'obſtacle
invincible que cet épuiſement
met à la population, j'en ai dit
aſſez pour prouver que la maniere ordinaire de cultiver la
Vigne, bien loin d'être profita-
ble, eſt preſque toujours oné-
reuſe & quelquefois même rui-
neuſe pour le Vigneron & pour
le Bourgeois ; d'où il eſt aiſé de

juger quel nombre prodigieux d'hommes elle met dans la peine. Il faut donc la réformer, cette méthode, & lui en fubftituer une nouvelle, plus fimple, moins difpendieufe & plus avantageufe au Cultivateur. C'eft le but que je me propofe. La perfection de la culture de la Vigne n'eft cependant pas le feul bien qui m'occupe. Mon deffein, en travaillant au foulagement du Cultivateur, eft encore de rendre cette culture utile au progrès de l'Agriculture, & par fuite à ceux du commerce. Voilà les trois objets de cet Ouvrage. Je commencerai donc par établir les principes de la nouvelle Culture ; enfuite je rapporterai en preuve les expériences qui les confirment : enfin je ferai voir les avantages qui en reviennent au Cultivateur, à l'Agriculture & au Commerce.

CHAPITRE PREMIER

De la diſtance des Ceps.

CE SEROIT naturellement ici le lieu de rapporter l'origine de la Vigne, ſon étymologie, la dénomination des différentes parties qui la compoſent ; mais ces connoiſſances, plus curieuſes qu'utiles, étant abſolument indifférentes à la perfection de la culture de la Vigne, qui eſt le principal objet que j'ai en vue, je ne penſe pas devoir m'y arrêter. Ainſi je vais commencer d'abord par établir la diſtance que je crois à propos d'obſerver entre les ceps.

La Vigne étant, comme je l'ai déja dit, une plante vivace, dont les racines s'étendent & s'alongent conſidérablement, j'eſtime, qu'en quelque ſorte de terre que ce ſoit, on ne peut pas mettre les ceps à moins de quatre pieds de diſtance en tout ſens, les uns des autres. Dans les terres fortes, ſur-tout celles qui ſont humides, je les aimerois autant à cinq qu'à quatre.

Cet eſpace, à la vérité, eſt beaucoup plus conſidérable que celui qu'on laiſſe ordinairement entre les ceps ; mais il y en a tant de raiſons, & il en réſulte de ſi grands avantages, que je me flatte que tout le monde en reconnoîtra la néceſſité ſur l'expoſé que j'en vais faire.

En effet, Les racines des ceps ainſi éloignés, ayant où s'étendre, ne ſe trouvent point affamées par les pieds voiſins, & fourniſſent à leur cep une nourriture abondante. C'eſt un proverbe uſité parmi nos Vignerons, que *les places rapportent.* Il eſt donc bien important de difposer les ceps de maniere qu'ils ayent plus d'écart entr'eux que dans la méthode ordinaire.

Cependant j'aimerois encore mieux les rapprocher que de les provigner, comme on fait com-munément. Cet ufage me paroît abufif & deftructeur. En plan-tant les ceps les uns près des autres, chaque cep a non-feu-lement fes racines propres, qui pouffent horizontalement dans toute l'épaiffeur de la terre, mais encore des racines per-pendiculaires qui s'enfoncent dans toute la profondeur de cette terre, pour y puifer les fels & l'humidité qui s'y trou-vent.

Les ceps provignés, au con-traire, n'ayant tous qu'une fou-che commune & leurs racines latérales, il n'eft pas poffible qu'ils tirent de la terre autant de nourriture que s'ils avoient chacun leur pivot particulier. D'ailleurs il eſt vraiſemblable que la charge conſidérable que l'on donne à la mere-ſouche doit affoiblir l'action de ſes racines pivotantes, en ſorte qu'elles ne peuvent pas s'enfoncer, ni s'étendre dans toute la profondeur de la terre, & par conſéquent il en reſte beaucoup d'inutiles. En un mot, & ceci eſt de la plus grande importance, & convient à toutes ſortes d'arbres; moins la ſouche eſt chargée de ceps, & le cep chargé de branches, & plus la Vigne eſt forte & vigoureuſe.

Il eſt donc vrai de dire que la façon de provigner la Vigne, loin de l'améliorer, n'eſt propre au contraire qu'à la détériorer. Mais ſi cette opération eſt nuiſible à la Vigne, la maniere de planter les ceps les uns ſi près des autres, ne lui est gueres plus avantageuse.

1°. Ces ceps n'étant séparés entr'eux que par de très-petites espaces, leurs racines doivent en très-peu de temps se joindre, se mêler ensemble, & empietter les unes sur les autres. Alors quelle confusion ! quel désordre ! Le moindre est l'épuisement de la terre.

2°. La Vigne ne se cultivant que dans l'objet du fruit, c'est aller directement contre cet objet que d'y multiplier les ceps, comme on fait ordinairement : cela est aisé à démontrer.

En effet, supposons deux arpents de terre de cent perches chacun, & la perche de vingt pieds.

Dans l'un, les ceps seront plantés à quatre pieds de distance de tout sens.

Dans l'autre, les ceps seront

à deux pieds de diſtance également de tous ſens.

Ainſi le premier contiendra, ſi l'on veut, deux mille cinq cents ceps.

Le ſecond en contiendra dix mille. Voilà donc dans ce dernier ſept mille cinq cents ceps de plus que dans le premier. Or chaque cep ayant ſes racines, ſa tige & ſes branches ; voilà ſept mille cinq cents tiges, leurs racines & leurs branches que la terre ſera obligée de nourrir dans l'un de plus que dans l'autre. La ſeve employée à la production & à l'entretien de ces différentes parties, ne pouvant l'être en même temps à la production des raiſins, pour leſquels elle ſe trouve réellement en pure perte, il eſt vrai de dire, que c'eſt aller contre l'objet du fruit, que de trop multiplier les ceps.

Envain, pour défendre cette pratique, oppoſeroit-on, que ſi ces ceps ſurchargent la terre de l'entretien d'un bois conſidérable, ils portent auſſi leur fruit; enſorte que par leur grand nombre, ils en donnent beaucoup plus que dans le premier arpent de Vigne, où il n'y a que la quatrieme partie des ceps contenus dans le ſecond.

Cette objection fondée ſur le préjugé général eſt, à la vérité, un peu ſpécieuſe; mais il n'en eſt pas plus mal aiſé de la détruire, & de faire voir qu'elle porte abſolument à faux.

En effet, les racines étant les principaux organes de la nutrition de la Vigne, ainſi que de toutes les autres plantes, la Vigne doit naturellement rapporter plus ou moins à raiſon de ce que ſes racines ſont plus ou moins fortes, plus ou moins longues, enfin, de ce qu'elles ont plus ou moins de terre à s'étendre, & par conséquent plus ou moins de sucs à exprimer. Or dans la premiere supposition, les ceps ayant quatre fois autant de distance entr'eux que ceux de la seconde, leurs racines sont censées avoir pareillement quatre fois autant d'étendue & de portée que les racines de la derniere supposition ; par conséquent elles doivent fournir à leur cep quatre fois autant de nourriture, & par suite, quatre fois autant de fruit.

Il y a plus ; en supposant dans le second cas que les racines de quatre ceps pris ensemble fournissent à ces quatre ceps autant de nourriture que dans le premier, les racines de chaque cep lui en fournissent à lui seul, le même espace de terre, quatre pieds quarrés, par exem-

ple,

ple, contenant dans cette seconde hypothese quatre ceps, au
lieu d'un seul qu'il contient dans
la premiere, il s'ensuit que dans
cet espace, ce seul cep doit encore profiter, pour l'augmentation de son fruit, de la seve
employée dans le second cas,
à la formation & à l'entretien
des trois tiges de surplus & de
leurs branches. Ce n'est pas tout
encore; les racines se multipliant à raison de la multiplicité
des ceps, le second arpent doit
contenir quatre fois autant de
racines que le premier. Il est
vrai que dans celui-ci les racines sont censées avoir trois fois
plus d'étendue; mais il n'en
est pas moins vrai qu'elles y sont
en bien moindre quantité, &
par conséquent qu'elles doivent
bien moins épuiser la terre. Trente racines de quatre pieds de
long augmentent incomparable-

B

ment moins la terre que cent vingt racines longues d'un seul pied : la raison en est claire.

Il doit donc passer pour certain ; 1°, que bien loin que la grande quantité des ceps serve à la production des raisins, elle lui est absolument contraire ; 2°, que les racines seules doivent être le premier objet de la culture, comme elles sont les principaux organes de la nutrition des plantes & de leur fructification. Cela est établi de maniere à ne devoir laisser aucun doute. Cependant, comme dans une matiere aussi importante, on ne doit rien négliger de ce qui peut opérer ou fortifier la conviction, on se croit obligé d'ajouter à ce qu'on vient de dire, une réflexion qui acheve de le confirmer.

C'est une vérité aussi reconnue qu'elle est palpable, que toutes les plantes transpirent plus ou moins à raison de leur porosité & de la chaleur.

Une autre vérité non moins certaine , c'eſt que par cette tranſpiration les plantes perdent beaucoup de leur ſeve. Cela peut ſur-tout ſe remarquer l'Eté dans la grande ardeur du ſoleil , où il ſe fait une telle raréfaction de la ſeve, & par cette raiſon une ſi grande évaporation, que non-ſeulement les plus gros légumes en tombent d'épuiſement ; mais encore que les tiges mêmes des arbres en ſont quelquefois brûlées & deſſéchées.

Il eſt encore certain que cette tranſpiration eſt plus ou moins forte, à raiſon de l'étendue plus ou moins grande des ſurfaces ; enſorte qu'en ſuppoſant dans les deux arpents les ceps d'égale groſſeur , & par conſéquent de ſurface égale, il y aura dans le ſecond trois fois plus de tranſpiration & de perte de feve que dans le premier. Mais comme il eſt à croire que dans celui-ci les ceps acquerront tout au moins le double de la groſſeur des autres, il faut ſuppoſer que la tranſpiration ſera double auſſi, c’eſt-à-dire, qu’elle ſe fera à raiſon de cinq mille ceps, au lieu de deux mille cinq cents; en ce cas ce ſera encore la moitié, & même en calculant à la rigueur, plus de la moitié moins de tranſpiration, & par conſéquent plus de la moitié moins de perte ſur la feve. Quelle prodigieuſe économie! Il n’eſt pas poſſible d’en donner une évaluation fixe; mais il eſt ſûr que plus on y réfléchira, & plus on la trouvera avantageuſe, & telle qu’elle doit accroître conſidérablement la vigueur des plantes. Ainſi, ſous quelque point de vue qu’on enviſage la multiplicité des ceps, il est vrai de dire qu'il y a tout à gagner à les écarter, & tout à perdre à les rapprocher.

Envain diroit-on, que si leur écartement convient à certaines terres, il peut être nuisible dans d'autres : les Vignes de Provence, les Graves de Bordeaux & de quelques autres endroits, où les ceps sont encore plus éloignés que je ne le recommande, détruisent entiérement cette objection.

On ne seroit pas mieux fondé à prétendre que les ceps ainsi espacés poussant plus vigoureusement, ils donneront de fortes tiges, qui s'élevant d'année en année, formeront des Vignes hautes. 1º, Avec de l'attention on peut les rabattre chaque année, indépendamment de ce qu'on doit les charger à proportion de leur force. 2º, Si ces ceps, par la force de la terre, s'emportoient malgré tout, ce qui feroit déja un heureux embarras, le pis-aller feroit d'en étendre les branches de droite & de gauche comme en contrefpalier, de la maniere que cela fe pratique en quelques vignobles (*a*). Il ne peut donc y avoir aucun inconvénient de ce côté ; ainfi après avoir traité de l'écartement des ceps, relativement à l'abondance de la feve & à la vigueur qu'il leur procure, je vais paffer aux autres avantages qui en réfultent.

Le fecond de ces avantages, après celui de l'abondance de

(*a*) Particuliérement en Franche-Comté, c'eft ce qu'ils appellent en *Echameys*, ou en *Liqoulot*. Les échameys font faits avec des échalas de trois pieds & demi de hauteur, & de perches en long & en travers, qui forment un quarré parfait ; après quoi on y attache le pied de la Vigne avec de l'ofier. Le liqoulot n'eft élévé de terre que d'un pied avec des perches en long feulement: tous les échalas font arrêtés les uns avec les autres avec de l'ofier. *Voyez* prem. Vol. d'un Traité fur la Vigne, p. 463.

la feve , & qui eft très-confidé-
rable , c’eft que dans la pratique que je propofe, les ceps
ne font prefque point fufcepti-
bles de la gelée : 1°, parce que
leurs racines, comme je l’ai fait
voir , leur donnent plus de feve
que dans la méthode ordinaire :
2°, parce que l’air circulant li-
brement autour des ceps , il en
chaffe l’humidité : 3°, parce que
les longs bois qu’on laiffe fur
ces ceps vigoureux, étant facilement agités par le vent , l’humidité ne peut pas , pour ainfi
dire , s’y arrêter.

Un troifieme avantage non
moins grand que les deux autres, & qui réfulte de l’éloignement des ceps , provient encore de l’air, qui, d’un côté, en
purgeant l’humidité de la Vigne, la rend moins fujette à
couler, & fes grappes à fe pour-
rir ; & de l’autre, exalte fa feve ,

mûrit ſes raiſins, & leur donne
une toute autre qualité que dans
les Vignes ordinaires ; d'où s'en-
ſuit naturellement la plus grande perfection du vin.

Un quatrieme avantage, qui
eſt le principal que je me propoſe, eſt l'économie conſidérable des façons & autres dépenſes de la Vigne. J'en parlerai
dans le plus grand détail à la fin
de ce Traité.

CHAPITRE II.

De la préparation de la Terre.

AVANT d'enſeigner la ma-
niere de préparer la terre, il
ſemble qu'il ſeroit à propos d'en
faire connoître les différentes
ſortes. Mais, 1°, les notions ordinaires ſur cette matiere me pa-
roiſſent ſuffiſantes : 2°, cette
matiere

matiere eſt ſi étendue, & a été traitée par tant d'Auteurs, & ſi ſavamment par quelques-uns, que je ne peux pas mieux faire que d'y renvoyer (*a*). 3°, Le Vigneron & le Bourgeois, dans la plantation de la Vigne, ſont communément ſi indifférents à la qualité des terres, qu'il eſt aſſez inutile d'entrer dans aucune diſcution à ce ſujet. Je dirai cependant qu'en général la terre eſt bonne, à raiſon de ce qu'elle conſerve mieux ſon humidité ; de ce qu'elle eſt plus ou moins maniable, plus ou moins facile à labourer ; de ce qu'elle contient plus ou moins de parties douces, ſpongieuſes, auſſi propres à s'ouvrir aux influences de l'air

(*a*) *Voyez* le Journal économique, Juillet 1758 ; l'Eſſai ſur l'amélioration des terres ; un nouveau Traité ſur la Vigne, premier volume ; Maiſon ruſtique, édition de 1755.

qu'à retenir long-temps ce qu'elles en ont reçu.

A l'égard des terres propres
à la Vigne, il n'y en a aucune
dont elle ne s'accommode ;
mais ſi elle vient plus forte
dans les terres humides, elle
ſe plaît auſſi dans les terres ſeches, & y donne un bien meilleur vin.

Quant à la préparation de
la terre, la vigne eſt une plante tellement vivace & ſi robuſte,
que pour la planter, on peut,
abſolument parlant, ſe con-
tenter des préparations ordinaires, quelqu'imparfaites qu'elles
ſoient ; alors dans la pratique
qu'on enſeigne, elle ſera d'un
tiers moins coûteuſe que dans
l'autre ; mais auſſi de même que
dans cette derniere, elle ſera
fort long-temps à croître & à
rapporter, ainſi il ſera encore

plus avantageux de préparer la terre de la maniere que je vais l'indiquer.

Les premieres racines de la Vigne font fi foibles & fi délicates, qu'on ne peut pas trop ameublir la terre qui les environne, & qui eft deftinée à leur donner leur premiere nourriture.

D'après cela, je penfe qu'il faut creufer les fofles pour le plant, foit croffette, foit chevelure, foit plant enraciné, de deux pieds de tout fens ; plus profondes elles n'en vaudront que mieux pour les terres fortes, fur-tout s'il s'agiffoit de planter des chevelures, ou du plant enraciné. Mais à l'égard des fables & autres terres fort légeres, non-feulement il feroit inutile de défoncer plus avant, parce que ces fortes de terres cedent facilement aux efforts des racines ; mais encore cela pourroit être préjudiciable dans ces commencements où il faut retenir, autant qu'il est possible, l'eau à la superficie, loin d'en faciliter l'écoulement.

Ces fosses doivent être fouillées au moins trois ou quatre mois avant la plantation ; si cette attention n'est pas absolument nécessaire, du moins ne peut-elle qu'être avantageuse.

CHAPITRE III.

Des différents Cepages propres à faire du Vin.

LE MORILLON noir qu'on appelle en Bourgogne *Pineau*, & à Orléans *Auvernas*, parce que la plante est venue d'Auvergne, est fort doux, sucré, excellent à manger, vient bien dans toute sorte de terre. Son bois a la coupe plus rouge qu'aucun autre. Le meilleur est celui qui est court, dont les nœuds ne sont point espacés de plus de trois doigts : il a le fruit entassé, & la feuille plus ronde que les autres de la même espece.

Il y a une seconde espece de Morillon, qu'on appelle *Pineau aigret*, qui porte peu & donne de petits raisins peu serrés ; mais le Vin en est fort & même meilleur que celui du premier Morillon. Ce second Pineau aigret a le bois long, plus gros, plus moëlleux & plus lâche que l'autre ; les nœuds éloignés les uns des autres de quatre doigts au moins, l'écorce fort rouge en dehors, & la feuille découpée en trois ou en patte d'oie.

Le Morillon façonné, autrement dit *Meunier*, parce qu'il a les feuilles blanches & farineufes, fait de bon Vin, charge beaucoup, & par cette raifon, fe multiplie, depuis plufieurs années, confidérablement dans les Vignobles des environs de Paris, au préjudice du Pineau qui charge moins, mais dont le Vin eft bien meilleur & beaucoup plus eftimé.

Le Bourguignon ou Treffeau eft un raifin noir affez gros, meilleur à faire du Vin qu'à manger : il charge des plus, & donne de groffes grappes.

Le Sanmoireau fe nomme *Quille de Cocq* aux environs d'Auxerre. C'eft un raifin noir excellent à manger & à faire du Vin : il a le grain un peu long & preffé.

Le Fromenteau eft un raifin exquis & fort connu en Champagne : il eft d'un gris rouge, & la grappe en eft affez groffe, le grain fort ferré, la peau dure,

le suc excellent, & fait le meilleur Vin. C'est à ce raisin que
le Vin de Sillery doit son mérite & sa réputation.

Indépendamment de ces es-
peces de raisins, il y en a encore plusieurs autres, tant de
noir que de blanc ; mais à l'é-
gard du noir, les especes en
sont si grossieres, qu'elles ne peuvent faire que de mauvais Vins.

A l'égard du blanc, quoiqu'il
y en ait plusieurs especes esti-
mables, dans l'objet du Vin
rouge, on n'en conseille point
l'usage. En effet, le raisin blanc
étant de sa nature plus aqueux &
moins substantiel que le noir, il
gâte la couleur du Vin rouge, & le
rend en même temps plus foible,
plus mou & plus liquoreux. Il ne
faut donc point en planter, du
moins dans les pays septentrio-
naux ; car pour les pays méri-
dionaux, où la chaleur excessive

donne du Vin plein de feu, de feve, & beaucoup plus épais que dans nos meilleurs Vignobles, je pense qu'il est souvent avantageux d'y mêler les différents cepages de rouge & de blanc.

CHAPITRE IV.

De la convenance des différents Terreins, avec les différents Cepages.

IL Y A tant de sortes de terre entre la terre forte & la terre légere, qu'il n'est pas possible d'assigner à chacune d'elles l'espece de cepage qui lui convient le mieux. Cependant on peut dire en général ; 1°, que toutes les sortes de terres s'accommodent de toutes les sortes de cepages ; 2°, que dans l'objet de la qualité du Vin, il faut préférer les cepages moins groffiers à ceux qui le font plus; 3°, qu'il faut proportionner la qualité des cepages à celle de la terre : ainfi dans les terres légeres, on y plantera les efpeces délicates, celles qui demandent le moins de nourriture; dans les terres fortes, les efpeces qui chargent le plus; avec cette différence cependant, que les complants plus délicats, donneront de meilleur Vin dans les terres fortes que les plus groffiers, & y réuffiront mieux que ces complants groffiers ne réuffiroient dans les terres légeres.

Peut-être m'objectera-t-on, que ces complants délicats donneront un vin fin & par trop léger; mais, d'un côté, en obfervant de ne planter que du cepage rouge, le Vin en acquerra beaucoup plus de corps qu'en mêlangeant, comme on fait ordinairement, le blanc avec le rouge : d'un autre côté, les cepages grossiers, dont on fait usage, ne parvenant presque jamais à leur maturité, ils donnent au Vin bien moins de corps que de verdeur & d'amertume ; ainsi je pense qu'ils lui sont plus contraires qu'avantageux.

CHAPITRE V.

Du Plant de la Vigne.

LA VIGNE se plante & se perpétue de boutures, autrement dit, crossette, chapon, marcotte, ou de plant enraciné, qu'on appelle *Plan chevelu &* *chevelé.* Ce dernier, & ce qu'on appelle *Chevelures* aux environs de Paris, sont préférables à la

croſſette, en ce qu'ils rapportent plutôt ; mais la croſſette
leur eſt préférable, en ce qu'elle coûte moins, dure davantage, & que le choix en eſt beaucoup plus facile que du plant
enraciné. Seulement il faut
avoir l'attention que la croſſette
ait, autant que cela ſe pourra,
à l'extrémité d'en bas, du bois
de deux ſeves ; elle en portera
plutôt du fruit.

CHAPITRE VI.

Du temps & de la maniere de planter.

LA VIGNE, ainſi que les Arbres, doit être plantée en Automne : la terre alors s'affaiſ-
ſant par ſon propre poids, &
par les grandes pluies de l'Automne & de l'Hiver, les raci-

nes ferrées & enveloppées de toutes parts par la terre qui les environne, fe trouvent, au Printemps, en état de pomper les fucs de cette terre, & de nourrir abondamment leur plante.

On peut affurer que par ce moyen le nouveau plant réuffit plus fûrement, & rapporte beaucoup plutôt. Il eft donc bien avantageux de fuivre cette pratique, non-feulement pour les terres légeres, mais encore, dans mes principes, pour les terres fortes & humides.

Quant à la maniere de planter; les foffes préparées, comme je l'ai dit, fi c'eft du plant enraciné ou des chevelures, il faut les planter avec toutes leurs racines & leurs chevelures, en obfervant d'en rafraîchir légérement le bout, & d'écourter celles qui pourroient avoir été blessées. On doit être certain que le plant ne tardera pas à reprendre, & donnera du fruit dès la seconde année. J'en ai fait l'épreuve.

Dans le courant du mois de Mars 1760, je fis, par expérience, lever de vieux ceps, & des chevelures ; aussi-tôt je fis creuser des trous de deux pieds, deux pieds & demi de profondeur, & autant de largeur ; j'y plantai mes vieux ceps & mes chevelures avec soin & avec toutes leurs racines : ces ceps, ou du moins les vieux, m'ont donné du fruit dès la même année, & encore celle-ci. Les chevelures, à la vérité, n'en ont point fourni ; mais certainement elles m'en donneront l'année prochaine, & m'en auroient donné dès cette année, si mes occupations, en me portant à d'autres objets, m'eussent permis de

les faire tailler, & de les faire
labourer dans le temps & de la
maniere qu'il convenoit. J'en
juge ainsi par leur bois, & sur-
tout par leurs racines que j'ai
fait déchausser à quelques-unes,
& qui sont très-belles, très-
longues, très-fortes & en grande quantité. Mon Vigneron, à
mon insçu, planta le même jour
quelques chevelures, suivant
l'usage ordinaire ; mais il s'en
faut de beaucoup qu'elles aient
autant profité que les miennes.

Il faut donc planter la Vigne
avec toutes ses racines & ses
chevelures ; en les recouvrant,
on aura soin de les séparer, de
les alonger, & de les disposer
de maniere, qu'autant qu'il sera
possible, elles ne se touchent
point, & qu'elles se trouvent
dans la terre à différentes épais-
seurs. On aura soin aussi qu'il y
ait sous les racines un demi-

pied de miettes de terre, & que
la fosse soit remplie au niveau
du sol. Cette derniere attention, nécessaire aux terres légeres à cause de la gelée, l'est
encore plus dans les terres fortes, à cause de leur grande humidité.

Au surplus, quand on pres-
crit toutes ces précautions, ce
n'est pas qu'elles soient absolument indispensables, en sorte
que sans cela la Vigne ne puisse
pas réussir ; mais c'est pour en
assurer d'autant plus le succès,
& pour en avancer le rapport.

Pour ce qui est de la crossette, plus elle aura de lon-
gueur, plus la partie qui sera
couchée ou élevée en terre,
portera de nœuds, & plus elle
jettera de racines, & par conséquent plutôt elle donnera du
fruit.

A l'égard de la question si

souvent agitée, s'il est à propos
ou non de fumer la Vigne en
la plantant. Je suis, avec plusieurs Auteurs, pour l'affirma-
tive. Envain diroit-on que c'est
un aliment trop fort pour un
sujet si délicat : on ne voit pas
sur quoi ce sentiment pourroit
être fondé. S'il y avoit du dan-
ger, ce ne pourroit être que
dans la maniere & peut-être
dans la suite, par l'ignorance
d'un Vigneron, qui, se laissant
séduire par une apparence de
vigueur, pourroit surcharger le
jeune cep. Cependant, en sou-
tenant que le fumier ne peut
pas nuire aux progrès de la plante, & au contraire ; je pense
que, sur-tout dans les sables &
dans les terres légeres ou trop
brûlantes, il seroit beaucoup
plus avantageux, dans le temps
de la plantation, de mettre au
pied du cep, la valeur de deux
paniers

paniers de terre, soit franche, soit forte, soit même glaise, pourvu qu'elles soient bien mûries à l'air & bien pulvérisées. Il est aisé de sentir tous les avantages qui en peuvent résulter. Un des plus considérables, c'est d'éviter par-là le fumier si coûteux, & en même temps si préjudiciable à la qualité du Vin.

CHAPITRE VII.

Des Opérations qu'il convient faire pour réduire les Vignes ordinaires à la distance proposée.

LA VIGNE est de toutes les plantes, une de celles qui durent le plus ; cependant on peut dire que communément elle ne passe gueres quarante à cinquante ans : ainsi pour en entretenir

D

la même quantité, il faut croire que chaque année on en re-plante la quarantieme ou la cin-quantieme partie. Quand donc on ne suivroit la culture que j'indique, que relativement à cette quantité, ce seroit tou-jours une grande économie & un grand avantage pour le Cul-tivateur. Mais cet avantage sera incomparablement plus confi-dérable en étendant cette pra-tique à toutes les Vignes en général. Il est vrai que les Vi-gnes faites, offrant ce semble un bénéfice présent, on aura peine à y renoncer en vue d'un bénéfice à venir, qui paroît toujours moins assuré. Mais, 1°, parmi ces Vignes faites, il y en a toujours beaucoup à re-faire : 2°, En les supposant dans le meilleur état, il faut au moins les entretenir ; & alors il faut trois fois plus d'échalas, trois fois plus de fumier, trois fois plus de façon, & il en coûte au moins pour les labours un tiers de plus que dans la méthode que j'enseigne : 3°, Les Vignes établies, suivant cette derniere maniere, dureront au moins dix ans, vingt ans & peut-être trente ans de plus que dans la maniere ordinaire : ainsi, à tout compter, il est aisé de voir qu'il seroit encore plus avantageux de réduire toutes les Vignes à la distance que je recommande. Un exemple rendra la chose encore plus sensible.

Supposons deux arpents de Vigne, égaux en tout, plantés suivant l'usage commun.

Supposons encore que, pour les cultiver, il en coûte, tout compris, 100 liv. qui en rapportent 150 liv. c'est 50 liv. de profit net par arpent.

D ij

De ces deux arpents, nous en laiſſerons un à la culture, ordinaire, l'autre ſera réformé ſur mes principes : le premier coûtera de culture 100 liv. & continuera de rapporter un profit net de 50 liv.

Le dernier coûtera de culture 50 liv. & ne rapportera la premiere & la ſeconde année que le prix de ſes façons; mais à la troiſieme & aux ſuivantes, il rapportera autant & plus que l'autre arpent, c'eſt-à-dire, au moins 150 liv.

Sur ces 150 liv. il n'y a à prélever pour les frais de culture que 50 livres; donc par année il rapportera de bénéfice net 100 liv. C'eſt 50 liv. par an de plus que le premier.

Celui-ci, dans les quatre premieres années, aura donné, à raiſon de 50 liv. par an, un produit de 200 livres; celui-là, dans

les deux dernieres de ces quatre années, donnera également,
à raison de 100 liv. par an, un
produit de 200 liv. Donc dès
la quatrieme année le Cultivateur aura retiré autant de bénéfice de l'un que de l'autre, &
aura en outre, par la suite, dans
l'arpent réformé, 50 liv. de bénéfice par an, de plus que dans
l'autre. Il seroit donc bien avantageux pour lui d'adopter entiérement la méthode qu'on lui
propose ; il ne pourroit s'y re-
fuser qu'autant qu'il douteroit
de la diminution des frais de
culture, & que sa Vigne ainsi
éclaircie , lui rapportât autant
qu'auparavant ; mais à l'égard
des frais, l'entretien de la Vigne devant être en proportion
avec la quantité des ceps qu'elle contient, dès qu'il y a une
suppression de plus des cinq si-
xiemes de ces ceps, la diminu-

tion des frais qu'ils entraînent doit paſſer pour démontrée, & le ſera encore plus à la fin de cet Ouvrage.

A l'égard du produit, les principes que j'ai établis & les expériences que je rapporterai, prouvent de la maniere la plus victorieuſe, qu'il eſt égal & même ſupérieur au produit des Vignes ordinaires.

Il eſt vrai que ces principes ont été diſcutés particuliérement à l'occaſion de la plantation ; mais ils n'en conviennent pas moins à l'opération que je propoſe. En effet, le cep qui reſtera ſeul ſur la mere-ſouche, n'ayant plus à partager ſa nourriture avec les ceps voiſins ; il profitera ſeul de toute la ſeve de la mere - ſouche, étendra ſes racines, & deviendra fort & vigoureux, & d'une grande abondance ; cela eſt certain, &

fera encore prouvé par les ex-périences que je rapporterai : ainsi il n'eft plus queftion que d'établir la maniere dont on doit procéder à l'écartement des ceps.

Cet écartement fe fera, en arrachant tous les ceps qui fe trouveront dans les quatre pieds qu'il faut laiffer de diftance d'un cep à l'autre ; lorfqu'on arra-chera ces ceps, on aura foin de ne point endommager les gîtes.

A l'égard de ceux que l'on confervera, quand ils ne fe rencontreront point jufte à la di-ftance de quatre pieds, on pour-ra les rabaiffer en terre à peu près comme on fait pour pro-vigner, enforte que les racines ne fe trouvent point trop près de la fuperficie.

Ces opérations, comme on le voit, font fort fimples ; elles ne coûtent pas même le prix des échalas inutiles que l'on peut revendre ; ainsi tout se réunit pour déterminer le Cultivateur à les entreprendre & à mettre, comme j'ai fait moi-même, toutes ses Vignes jeunes & vieilles par rangées.

CHAPITRE VIII.

Des Fumiers.

LA FÉCONDITÉ de la terre devant naturellement s'épuiser par ses productions successives, il paroît nécessaire d'en renouveller les sucs de temps en temps ; mais si cela est indispensable, ce doit être principalement dans les terres plantées, soit en Arbres, soit en Vignes, où les labours ne pouvant pénétrer aussi avant que les raci-soit, il semble qu'il n'y a que le

fumier,

fumier, les engrais en général qui puissent restituer à ces terres les sels & la fertilité qu'elles ont perdues. Cependant je suis persuadé que dans la pratique que je propose, on peut, absolument parlant, s'en passer, non-seulement dans les terres fortes, dans les bonnes terres, à l'égard desquelles, en observant les attentions ci-après, je suis convaincu que le fumier n'est jamais, ou que très-rarement nécessaire, mais encore dans les sables & dans les terres légeres.

En effet, 1°, les racines étant, dans mes principes, beaucoup plus fortes, plus longues & plus vigoureuses qu'elles ne peuvent l'être dans l'usage ordinaire, elles doivent toujours donner une seve abondante à leur cep : 2°, La terre que j'ai recommandé de mettre au pied du cep lors de la plantation, étant à quatre ou cinq pouces de la superficie, peut, par sa qualité, être regardée comme un engrais perpétuel, aussi propre à maintenir la fraîcheur de la plante, qu'à lui conserver les sels & les parties nutritives qu'elle reçoit du labour & des pluies : 3°, Au lieu de fumier on peut mettre, & cela seulement aux ceps qui en auront absolument besoin, un ou deux paniers de la premiere terre que j'ai indiqué : cela coûtera bien moins, durera beaucoup plus, & ne fera ni aux racines, ni à la qualité du Vin, le même tort que le fumier : 4°, On peut suppléer avantageusement au fumier, en donnant à la Vigne un labour au mois de Novembre. Ce labour se fait pour faciliter dans la terre l'entrée des pluies abondantes de l'Automne & de l'Hiver, de maniere qu'elles puiſſent, s'il eſt poſſible, deſcendre juſqu'au pied des plantes : c'eſt peut-être, par cette raiſon, le plus eſſentiel des labours ; & à cette occaſion j'obſerverai que je ſuis bien éloigné de prétendre indiſtinctement, comme quelques Auteurs, que les hivers ſecs ſont les plus avantageux pour les plantes : cela eſt vrai pour les plantes annuelles, & pour la deſtruction des inſectes ; mais autrement ce ne peut l'être pour les plantes vivaces, telles que les Arbres & la Vigne, dont les profondes racines ne peuvent être vivifiées que par les grandes pluies, qui leur portent l'humidité & les ſels néceſſaires pour leur végétation.

5°, Enfin, on peut ſe paſſer de fumier, en obſervant avec ſoin de maintenir la Vigne baſſe de tige, en n'en laiſſant point trop vieillir les branches, en n'en multipliant point trop les têtes, & en la taillant toujours relativement à ſa vigueur & à ſa derniere pouſſe. Cette atten-tion, ſur-tout ſi l'on y joint le labour d'Automne, eſt ſi impor-tante & ſi avantageuſe, qu'à moins d'accidents extraordinai-res, on peut compter que la Vi-gne, une fois bien venue & d'ail-leurs bien conduite, n'aura ja-mais beſoin de fumier, ni même d'être terrée, ou du moins que très-rarement ; ainſi le fumier, dans mes principes, devenant inutile, je me diſpenſerai d'en faire connoître les différentes ſortes & leurs propriétés.

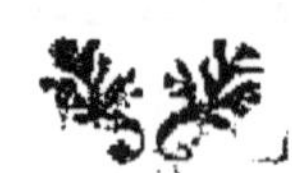

CHAPITRE IX.

De la Taille de la Vigne.

LA TAILLE n'eſt pas moins néceſſaire à la Vigne qu'aux Arbres fruitiers. Mais dans quel temps faut-il la faire ? Les uns prétendent que ce n'eſt qu'au renouvellement de la ſeve ; les autres, & c'eſt le ſentiment des plus ſavants Auteurs anciens & modernes, prétendent qu'il eſt plus avantageux de la faire en Automne : pour moi, voilà la troiſieme année que j'en ai pris l'uſage, & je m'en ſuis toujours bien trouvé. Il n'eſt point juſqu'à mes Vignerons, qui s'é-toient d'abord ſoulevés, qui ne reconnoiſſent qu'au moins il n'y a aucun inconvénient dans cette pratique. Il y a plus de diffi-

E iij

culté sur la maniere ; cela doit
dépendre de la vigueur de la
Vigne : si elle est foible, il faut
la tailler courte ; si elle est forte,
il faut la tailler à vin, c'est-à-
dire, y faire de longs bois,
comme j'ai fait cette année,
sur une bonne partie des ceps
de mes Vignes ; mais sur-tout,
& c'est encore une attention
que j'ai eu & dont mes Vignerons s'étoient bien écartés, il
faut retrancher rigoureusement,
sur chaque cep, tous les vieux
bois, toutes les têtes qu'on n'y
juge pas absolument nécessaires;
sauf à faire de longs bois, & à
donner plus de taille aux brins
qu'on a laissés : des exemples
rendront la chose plus sensible.

Supposons d'abord un cep
qui portera quatre têtes : si on
laisse ces quatre têtes, on pourra tailler les deux plus basses à
deux yeux chacune, & les deux

autres à trois yeux. Je connois
des Vignerons qui ne taille-
roient sûrement pas autrement :
cependant il seroit beaucoup
mieux de retrancher une tête,
d'en tailler deux à quatre yeux,
& la plus basse à deux. On aura
la même quantité de boutons,
& néanmoins on économisera
la seve d'une tête. On doit être
assuré que le cep s'en portera
beaucoup mieux.

AUTRE EXEMPLE.

Supposons encore, comme
j'en ai vu, & comme il est aisé
d'en voir sur des ceps vigoureux plantés dans mes principes ; supposons, dis-je, au pied
de la tige un fort jet de deux
ans, long de quatre pieds, qui
aura produit la derniere année
douze brins de sarment ; certains Vignerons, attendu la
grande force du cep, tailleront,

E iv

& ceci n'est pas supposé, tailleront, dis-je, à deux yeux sur
chacun de ces brins ; d'autres
plus entendus commenceront à
retrancher les six derniers brins
de l'extrémité, & tailleront à
trois yeux sur les six restants :
peut-être seroit-il encore mieux
de tailler seulement sur cinq
brins, dont le plus bas à trois
yeux, les deux suivants à quatre,
& les deux derniers à cinq ou à
six : quoi qu'il en soit, il est certain que ces derniers, par la
suppression des six ou sept brins,
& du vieux bois qui les portoit,
font une économie considérable de la seve ; & cependant le
cep se trouve taillé pour une
égale & même pour une plus
grande quantité de fruit.

C'est ainsi qu'un Vigneron intelligent fait faire rapporter sa
Vigne, & en même temps la
conserver à peu de frais ; où un

Vigneron peu inſtruit ou mal intentionné, comme il y en a tant, la ruine, & le Propriétaire qu'il conſtitue dans de grandes dépenſes pour la rétablir.

Pour ce qui eſt de la taille du jeune plant, ſoit croſſette, ſoit plant enraciné, il faut le tailler à deux yeux; la ſeconde année, on pourra le tailler à deux têtes, chaque tête à deux yeux; le tout cependant ſelon la vigueur de la pouſſe. Quelques-uns prétendront mieux faire en ne le taillant point du tout cette ſeconde année. Mais ce principe ne me paroît point fondé: tailler un arbre, quelque choſe qu'on puiſſe dire au contraire, ſera toujours le décharger.

A l'égard de la troiſieme année & des ſuivantes, c'eſt la force du cep qui doit décider. On obſervera ſeulement dans ces commencements, de char-

ger à la taille plutôt moins que
plus.

CHAPITRE X.
Des Labours.

Les labours aident tellement
la végétation, que je pense qu'on
n'en peut pas trop donner à la
Vigne : il ne faut pas qu'ils
soient profonds, mais fréquents
pour détruire l'herbe, qui man-
ge la graisse, & boit l'humidité
de la terre. Je ne crois rien de
plus nuisible aux plantes que
les mauvaises herbes ; & par
conséquent rien de plus avantageux que leur destruction.

On est dans l'usage de donner
trois labours à la Vigne ; &, absolument parlant, cela est suffi-
sant ; cependant il ne pourroit,
comme je l'ai déja observé,
qu'être fort utile de lui en don-

ner quatre, dont le premier en Automne ; c'eſt une dépenſe de plus, mais dont on doit être certain que l'on ſera avantageuſement rembourſé à la récolte (*a*).

Les trois autres labours ſe donneront ; le premier, plutôt dans les terres ſeches que dans celles qui ne le ſont pas, depuis le commencement de Mars juſques vers le milieu d'Avril ; le ſecond, une quinzaine de jours avant la fleur ; & s'il n'a pas été fait dans ce temps, il faut attendre que la Vigne ſoit entiérement défleurie, & que tout le fruit ſoit noué ; le troiſieme ſe donne ordinairement au commencement d'Aout.

Au reſte, ces labours s'avancent plus ou moins, ſuivant que le temps eſt plus ou moins favorable, que les terres ſont plus

______

(*a*) C'eſt ma pratique, & je m'en trouve fort bien.

ou moins feches, enfin que
l'année eft plus ou moins hâ-
tive.

Quant à la maniere de faire
ees labours, pour ne point endommager les racines de la Vigne, je penfe que, même les
deux premiers labours, ne doivent pas excéder la profondeur
de trois pouces. Cette profondeur eft fuffifante pour détruire
l'herbe ; c'eft même le moyen le
plus sûr d'y parvenir. En pi-
quant plus avant, non feulement
on bleffe les racines, mais encore, au lieu de couper les mauvaifes herbes & leurs racines,
on les enterre toutes entieres
par gazons, en forte qu'elles ne
font que changer de place &
quelles repouffent de même
qu'auparavant : le Vigneron doit
donc, dans tous fes labours,
avoir l'attention de ne point
piquer fa houe perpendiculai-

rement en terre , comme il fait
ordinairement , mais de la glif-
fer obliquement & horizontalement entre deux terres à la profondeur que je viens d'indiquer ;
alors il détruira bien plus sûrement les mauvaifes herbes
& leurs racines , qui , par ce
moyen , fe trouveront féparées
les unes des autres,

CHAPITRE XI.

Du temps de ficher & de lier la Vigne à l'échalas.

IL EST à propos de ficher dès le
mois de Mars , ou du moins au
commencement d'Avril , en obfervant de placer les échalas à l'o-
rient des ceps. Cette attention ,
en abritant une partie du cep
des premiers rayons du foleil

levant, fert fouvent à le pré-
ferver de la gelée.

C'eft auffi dans ce temps qu'il
faut lier le vieux bois à l'échalas : le bois vert ne fe lie qu'a-
près l'extinction de la fleur.

CHAPITRE XII.

De l'Ebourgeonnement.

L'ÉBOURGEONNEMENT fe fait
ordinairement en Mai & quelquefois en Juin : on ne peut
le faire trop tôt.

Il confifte à retrancher tous
les nouveaux rejettons qui croif-
fent au deffous de la tête du
cep & qui fortent du tronc.
On fupprime encore tous les
bourgeons qui pouffent fur le
bois de la derniere taille, lorfqu'ils n'ont point de grappes, &

qu'ils ne font point néceſſaires pour le bois de l'année ſuivante ; car en ce cas, non-ſeulement on les laiſſe, mais quelquefois même dans la vue de rabaiſſer la Vigne toujours trop diſpoſée à s'élever, on conſerve le plus fort des bourgeons de l'année qui pouſſe au pied du cep. Cette attention, ſur-tout, eſt fort importante dans les Vignes cultivées dans mes principes ; autrement les ceps, beaucoup plus vigoureux que dans la méthode ordinaire, s'éleveroient auſſi beaucoup plus haut, & par-là s'épuiſeroient en peu de temps.

Il y a encore une autre forte d'ébourgeonnement qui ſe fait lors de la taille ; c'eſt d'abattre non-ſeulement les petits yeux qui ſortent de la ſouche, mais encore ceux qu'on juge inutiles ſur le bois de l'année derniere, comme les premiers yeux qui

naiſſent ſur le bois à l'approche
de la ſouche, qui produiſent ra-
rement du fruit, & dont on n'a
point à eſpérer de beau bois
pour l'année ſuivante. Cette eſ-
pece d'ébourgeonnement trop
négligé ſert à fortifier les yeux
qui reſtent, & par conſéquent
ne peut qu'être fort utile.

CHAPITRE XIII.

De la Rognure.

Rogner la Vigne, c'eſt arrêter ou couper le bout des branches, & retrancher les menus
rejettons qui ſortent du bas &
des côtés de la ſouche : cette
façon ſe donne quelque temps
après la fleur, pour aſſurer une
ſeve abondante aux fruits qui
ſe ſont déclarés, & pour faciliter aux rayons du ſoleil les
moyens de mûrir les raiſins ;
mais

mais à l'égard des ceps qui pouſſent beaucoup, elle me paroît
tout au moins ſuperflue, d'autant, qu'en ce cas, elle n'eſt propre qu'à faire naître ſur le brin
qui a été pincé, de foibles jets
dont on ne peut faire uſage.

CHAPITRE XIV.

De la maniere de faire le Vin.

La Vigne ne ſe cultivant que
dans l'objet du Vin, il eſt na-
turel d'enſeigner la meilleure
maniere de le faire. Cette maniere eſt ſi importante, qu'elle
ſuffit quelquefois pour tirer de
l'obſcurité, des Vins qui étoient
abſolument inconnus. Cependant ſi elle ſuffit pour rendre
le Vin meilleur, il ne faut pas
croire qu'elle ſuffiſe également

F

pour le rendre parfait ; la perfection du Vin dépend principalement du grain de terre, de l'espèce du complant, & de l'exposition des ceps.

À l'égard du grain de terre, on n'est pas maître de se le donner ; on ne peut que choisir le meilleur.

Par rapport au complant, on en connoît à peu près les meilleures especes ; on doit donc les préférer.

Quant à l'exposition, qui, avec le complant, décide principalement de la qualité du Vin, il n'y a point de grand vignoble où il n'y en ait de très-favorable : on peut donc, dans ces sortes de vignobles, faire d'excellent Vin; mais on le peut faire, sur-tout dans la méthode que je propose ; je n'en répéterai point les raisons, il est aisé de se les représenter. Je dirai seulement

que l'éloignement des ceps eſt
ſi avantageux à la perfection du
Vin, que c'eſt la voie la plus
ſûre, & la ſeule qui puiſſe perfectionner nos Vins, ſur-tout
dans les parties ſeptentrionales.
Quel intérêt l'Etat & le Cultivateur n'ont-ils donc pas à l'a-
dopter ? Mais ces Vins feront
encore plus parfaits, ſi, en obſervant d'ailleurs toutes les précautions qui ſont d'uſage dans les
meilleurs vignobles, on égrappe
les raiſins avant de les jetter dans
la cuve. En ſéparant ainſi les raiſins de leurs grappes, on enleve
toute l'âcreté qu'elle leur com-
munique ; alors on peut, ſans
crainte, laiſſer fermenter le
moût juſqu'à la parfaite cuiſſon
du grain. Le Vin qui ne ſera
pas, comme dans l'uſage ordinaire, chargé des parties groſ-
ſieres & hétérogenes de la gra-

pe, fera beaucoup plus agréable, plus moëlleux, & en même temps plus coloré, plus ferme & de plus de garde. Depuis trois ans j'en fais l'expérience; & je puis affurer que mon Vin eft fupérieur & fe conferve mieux que les Vins du même lieu. Le Vigneron, qui a peine à en trouver la raifon dans une caufe auffi fimple, fe perfuade que je travaille mon Vin, tant il eft convaincu de fa fupériorité. Mais ce n'eft point affez de faire de bon Vin, il faut encore le conferver; pour cela il eft néceffaire de le tirer de deffus fa lie le plutôt qu'il eft poffible. On pourra, pour la premiere fois, le tirer à clair dès le mois de Décembre, & pour la feconde fois au mois de Mars. L'air & la lie font les deux fléaux du Vin.

A l'égard des caves, comme

le Vin ne peut soutenir le voi-
sinage d'aucune odeur forte, il
faut avoir l'attention d'écarter
tout ce qui pourroit en occa-
sionner, & y entretenir la plus
grande propreté.

CHAPITRE XV.

Des Expériences.

LES principes que j'ai établis
jusqu'à présent sont si solides,
si lumineux & si pressants en faveur de la nouvelle méthode,
que je ne pense pas qu'on puisse
s'empêcher de l'adopter. Ces
principes, nouveaux tout au
plus par leur application à la
Vigne & par l'analyse que j'en
ai faite, sont en général si re-
connus & si suivis dans d'autres
cultures, & même en partie
dans celle de la Vigne, que j'ai

lieu de croire que personne n'en-
treprendra de les contester. Je
pourrois donc en quelque sorte
m'y borner, sans faire encore de
nouveaux efforts. Cependant,
comme dans une matiere qui intéresse directement tant de Citoyens, on ne doit rien négliger
de ce qui peut l'éclaircir & y répandre un jour salutaire, je vais
rapporter les essais que j'ai faits,
& les expériences, ou que j'ai
vues, ou qui sont parvenues
d'ailleurs à ma connoissance.

Je commence par mes essais.

Mes Vignes, situées à Triel
près Poissy, ont été, dans les
premieres années que je les ai
eues, cultivées à la maniere du
pays, c'est-à-dire, fort mal : je
le sentois bien ; mais j'étois trop
indécis sur le choix du remede,
pour en préférer aucun. Cependant, rebuté de mes pertes, &
convaincu par mes réflexions

sur la nature de la Vigne que la grande proximité des ceps ne pouvoit que lui être préjudiciable, j'essayai, il y a deux ans, de mettre dans quelques-unes de mes Vignes plus de distance entre mes ceps : le succès justifia ma tentative, & les principes généraux de M. Duhamel, & de quelques autres Auteurs pour l'écartement des Plantes.

Cette premiere réussite me détermina, au mois d'Octobre 1761, à mettre toutes mes Vignes jeunes & vieilles, faisant la quantité de trois arpents, par planches, dont les rangées sont à quatre pieds l'une de l'autre, & les ceps dans le sens des rangées à même distance de quatre pieds. Les ceps qui se sont trouvés dans cet espace, ont été impitoyablement arrachés, malgré les clameurs de mes Vignerons.

Toutes ces Vignes, quoique
non fumées depuis quatre à cinq
ans, & la plupart dans les fables,
ont pouffé, cette année fi feche
& fi brûlante, un bois prodigieux, beaucoup plus fort, plus
gros & plus long que celui, non-
feulemenr des Vignes voifines,
mais encore de toutes celles du
canton ; elles pouffoient, même
avec emportement, pendant que
toutes celles du lieu étoient ar-
rêtées ; & il n'y a pas de doute
qu'elles n'euffent encore pouf-
fées davantage fi le Printemps
moins fec leur eût permis d'é-
tendre leurs racines & d'en faire
de nouvelles.

A l'égard du Vin, comme elles avoient été taillées à bois,
elles ne m'en ont pas donné les
deux tiers de l'an paffée : cette
année je les ai fait tailler ; j'ai
chargé de longs bois tous les
ceps que j'ai jugé pouvoir les
porter ;

porter ; ainſi j'ai lieu d'eſpérer de recueillir l'année prochaine autant, ou à-peu-près autant de Vin que ſi je les euſſe laiſ-ſées dans leur premier état, & à bien moins de frais ; puiſqu'en leur faiſant donner deux labours de plus, elles me coûtent en-core, pour les façons, un quart de moins, & que je n'y mets ni fumier ni échalas.

D'ailleurs mes ceps épuiſés ſe rétabliſſant & ſe fortifiant d'année en année, il y a lieu de croire que mes Vignes me rap-porteront, & à beaucoup moins de frais, plus que par le paſſé : je me fonde ſur la pouſſe pro-digieuſe qu'elles m'ont donnée cette année, & ſur la nature des opérations que je leur ai fait faire, & qui ſont telles, que je ne doute point que ſi on les eût fait dès l'an paſſé, j'aurois eu, à la derniere récolte, un

quart de Vin de plus que je n'en
ai recueilli.

Cet essai ne présente point
un succès décidé ; mais aussi
est-ce la premiere année ; &
d'ailleurs on peut dire qu'il est
sûrement annoncé par la vigueur extraordinaire de la Vigne.

Au surplus, je vais passer aux
expériences que je me suis en-
gagé de rapporter. Leur réussite
doit être regardée comme un
présage avantageux pour les
miennes.

Dans un très-bon Traité sur
la Vigne, telle qu'elle se cultive communément, le savant
Auteur du Mémoire sur la Culture de la Vigne dans la Guyenne, rapporte la méthode d'un
de ses amis en ces termes :

« Je ne puis me dispenser de
» rapporter ici une nouvelle
» méthode imaginée & mise en

» pratique par un de mes amis :
» elle est plus simple, moins em-
» barrassante & moins coûteuse
» que toute autre : voici le fait.
» Dans la Paroisse de Quinsac
» Entre-deux-Mers, à deux lieues
» environ de Bordeaux, les
» Paysans taillent la Vigne à *cot*
» (a). Les *astes* n'y ont que deux
» ou trois pouces de hauteur ;
» on n'y en laisse que trois, &
» chacune de ces astes n'a que
» trois yeux.

» Cet ami intelligent en agri-
» culture, appliqué à faire va-
» loir ses fonds, où il est pré-
» sent pendant tout le cours de
» l'année, avoit diverses pieces
» de Vignes taillées à cot, se-
» lon l'usage d'Entre-deux-Mers.
» Les ceps étoient à la distance
» de quatre pieds entr'eux, ran-

(a) Cot, mot Gascon qui signifie en François *cou* : tailler à cot, c'est tailler fort court. Cette taille est d'usage dans la Guyenne pour la Vigne basse.

» gés en droite ligne, deux ran-
» gés fur chaque planche, &
» chaque planche entre deux fil-
» lons creux, ou rigoles.

» Il mit, il y a quatre ans
» dans une de ces pieces, fes
» ceps à douze pieds de diftan-
» ce entr'eux, ce qu'il fit aifé-
» ment, en arrachant dans la
» même ligne, le fecond & le
» troifieme entre le premier &
» le quatrieme qu'il laiffa, & ainfi
» de fuite. Au devant de cha-
» que cep, il mit un fort écha-
» las pour le foutenir; & après
» avoir coupé tout le bois faux
» & inutile qui pouffoit vers le
» devant & le dehors, il a taillé
» tout le bois de trois ou qua-
» tre branches, qu'il a confervé
» à trois pieds & demi ou quatre
» pieds au - deffus du fol : il a
» mis des échalas entre les ceps,
» pour en foutenir un autre qu'il
» a pofé horizontalement, &

» lié aux deux échalas fichés en
» terre. Sur cet échalas horizon-
» tal, il a placé en éventail ou
» espalier, ses branches dont il
» avoit coupé les sommités.

» Il fit cette opération dans
l'Automne de 1751. Cette pie-
» ce de Vigne qui n'avoit pro-
» duit à la derniere récolte que
» très-peu de Vin, lui en donna
» un quart de plus l'année sui-
» vante 1752 ; & l'année 1753,
» une moitié de plus. Au mois
» de Juin 1754, il présumoit,
» par la quantité de raisins dont
» la Vigne étoit chargée, pou-
» voir en espérer le double de
» ce qu'il en avoit eu l'année
» précédente ; & en effet, ses es-
» pérances ont été remplies. Un
» vignoble ainsi composé, lui
» donne le double du Vin qu'il
» recueille d'un autre vignoble
» voisin de même étendue, &
» taillé à l'ordinaire. »

G iij

Cette expérience, quoique rapportée par l'Auteur, par rapport à la taille, n'en convient pas moins à l'objet qui nous occupe. Car si cette Vigne, au lieu d'être taillée très-courte, comme auparavant, l'a été à trois ou quatre pieds au deſſus du ſol; ſi elle a ſoutenue cette taille, & produit des raiſins en ſi grande abondance, ce n'eſt que parce que les ceps ayant beaucoup plus de diſtance entr'eux, leurs racines ſe ſont, à proportion, beaucoup plus alongées qu'auparavant. Cette expérience eſt donc une preuve ſans réplique de la ſolidité des principes que j'ai établis. Il y a plus, c'eſt qu'il en réſulte que la Vigne, diſpoſée ſuivant ces mèmes principes, rapporte plus que dans la méthode ordinaire.

Au reſte, je ſuis bien éloigné de conſeiller une ſi grande diſtance entre les ceps, elle ne pourroit être admiſe tout au plus que dans des terres extraordinairement légeres, & non dans les terres médiocres, & encore moins dans les terres fortes, où à moins de beaucoup d'inconvénient, & de tenir la Vigne très-haute, elle ne ſuffiroit pas pour conſommer la ſeve qui eſt bien plus abondante dans ces ſortes de terres que dans les autres.

La ſeconde expérience eſt rapportée par le célebre Auteur du Traité de la Culture des terres, dans ſon V^e. volume.

Il réſulte de cette expérience, que partie d'une Vigne de vingt-quatre ans ayant, en 1752, été établie en planche de cinq pieds de large, avec trois rangées de ceps ſur cette planche à deux pieds & demi les uns des autres en tout ſens ; il en réſulte, dis-je, que cette planche, à côté de laquelle on avoit formé une plate-bande de cinq pieds de large, a rapportée en 1754 un peu plus que la vieille Vigne ; & en 1755, environ deux cinquiemes de plus : elle a produit sur le pied de vingt-trois muids & quatre-vingt seize pintes par arpent.

Voilà assûrément un succès bien remarquable, & qui prouve d'une maniere bien convaincante, l'avantage qu'il y a à écarter les ceps les uns des autres, même dans les Vignes plantées à l'ordinaire & toutes formées.

A ces deux expériences si déterminantes, je vais en joindre une troisieme tout au moins aussi décisive.

A Carrieres-sous-Poissy, chez Madame la Comtesse de Pons, est une piece de Vigne contenant trois arpents, plantée il y a cinq ans. Cette Vigne est ditribuée par rangées éloignées les unes des autres de trois pieds ; les ceps dans le fens des rangées font à quatre pieds de diftance l'un de l'autre. La feconde année, elle a été fumée, mais peu, & la moitié moins que dans la méthode ordinaire ; depuis ce temps la partie de cette Vigne, qui eft dans la plus mauvaife terre, a reçu encore un peu d'engrais, mais moins que la premiere fois. Cette Vigne a rapporté la premiere année deux à trois muids de vin ; la feconde, quatre à cinq ; la troifieme, fept muids & demi ; la quatrieme, quinze muids ; & la cinquieme, qui eft la derniere récolte, vingt-un muids, c'eft-à-dire, cinq à fix muids plus que fi elle avoit été plantée fuivant l'ufage ordinaire. Le Vin en eft bien fupérieur, & fe vend à-peu-près le double de celui du lieu. Cette

Vigne située en partie dans un gravier du plus mauvais sable, porte un bois incomparablement plus beau que dans les meil-leures terres. Quelques Payſans qui s'étoient, comme c'eſt l'or-dinaire, prévenus contre cette nouveauté, l'ont adoptée dans des plantations qu'ils viennent de faire; & il n'y a point lieu d'en être ſurpris, tant cette Vi-gne eſt belle; le bois, je ne peux pas trop le répéter, eſt ſi fort, ſi vigoureux & en ſi grande quantité, que le Vigneron le plus immodéré pour l'uſage du fumier, ſeroit forcé d'avouer, que loin qu'il pût être utile dans une pareille Vigne, il ne pour-roit au contraire que lui être préjudiciable; en ſorte qu'il eſt vrai de dire, que dans la mé-thode que je propoſe, le Culti-vateur ſe trouvera heureuſe-ment forcé d'employer ſon fumier ailleurs que dans fes Vignes, & de le porter dans fes terres.

Cette derniere expérience encore plus rapprochée de mes principes que les précédentes, du moins quant à la diftance des ceps, doit achever d'en démontrer la folidité, & ne laiffe aucun fubterfuge au préjugé ni à l'ignorance. En effet, quelque folides, quelqu'évidents que foient les raifonnements, la prévention auffi injufte qu'elle eft aveugle, fe croit toujours en droit d'en douter ; mais quand ils font appuyés & prouvés par les faits, que peut-on leur oppofer ? Prendra-t-on le parti de les nier ? Qu'un Auteur, pour établir fon opinion, fuppofe, ou du moins amplifie, change les faits, en altere les circonftances, abfolument parlant, tout cela eft poffible ; mais

qu'un tiers, comme dans la premiere expérience, les rapporte
fans aucune vue perſonnelle;
mais que je rapporte moi, comme je viens de faire en dernier
lieu, une expérience faite par
une perſonne inconnue, qui peut
me démentir ſi j'en impoſe; c'eſt
aſſûrément ce qui n'eſt pas, &
ce qui ne peut paroître vraiſemblable. Il faut donc ou douter
de tout, ou tenir ces faits pour
certains. Mais, en les admet-
tant, peut-être pour en éluder
la conſéquence, entreprendra-
t-on de diſtinguer ? Peut-être di-
ra-t-on qu'il faut avoir égard;
1°, à la différence des lieux;
mais la premiere & la derniere
expériences ſont faites dans des
climats contraires ; l'une dans
un pays chaud, l'autre dans un
pays tempéré : 2°, à la qualité
des terres ; mais la premiere &
la derniere expériences ſont fai-

tes dans des terres légeres, & c'eſt dans ces ſortes de terres que, ſuivant le préjugé commun, elles auroient dû moins réuſſir : 3°, pour le rapport, à la plantation orignaire de la Vigne ; mais la premiere & la ſeconde expériences regardent de vieilles Vignes, des Vignes toutes formées, dont les parties miſes par planches ou plus écartées, ont rapporté autant & même beaucoup plus que les parties laiſſées en leur premier état. Ainſi ſoit qu'on regarde le climat & la qualité des terres, ſoit qu'on regarde la plantation quelle qu'elle ſoit, il ne peut qu'être avantageux d'écarter les ceps, comme je le preſcris.

CHAPITRE XVI.

Comparaison des frais des deux Cultures.

POUR faire voir d'un seul coup d'œil tout le montant du bénéfice économique de la nouvelle culture, j'aurois desiré pouvoir réduire à un prix moyen tous les frais de la Vigne dans les différentes Provinces du Royaume ; mais si cette opération n'est pas absolument impossible, du moins est-elle trop difficile pour n'être pas fautive. C'est ce qui m'a fait préférer de rapporter l'exemple d'un seul vignoble, dont la culture & les frais me sont parfaitement connus. C'est une regle dont chacun pourra faire l'application à son bien particulier, en obseryant la différence du prix, soit sur les façons, soit sur les fournitures. Par ce moyen, on pourra facilement connoître dans chaque vignoble le montant de l'économie de la nouvelle culture sur l'ancienne.

Les frais de culture variant nécessairement suivant la valeur des denrées & la main-d'œuvre, il est certain que cette économie ne sera pas par-tout la même, ni aussi considérable que dans les environs de Paris, où pour chaque arpent elle se monte, pour la plantation & perfection de la Vigne, à 862 liv. 10 s. & pour les frais d'entretien & de culture, à 74 liv. 13 sols. Ensorte que si on comptoit tous les arpents de Vigne du Royaume sur ce pied, ce seroit une économie sur la plantation & perfection de la Vigne, de deux milliards 587 millions 500 mille

livres ; & sur les frais annuels
de culture, de 223 millions 950
mille livres. Mais cette économie sera toujours dans des pro-
portions relatives ; de maniere
que si elle est, aux environs de
Paris, de près des trois quarts
des frais de plantation & d'entretien de la culture actuelle, elle
se trouvera pareillement des
trois quarts, ou à-peu-près, dans
les autres vignobles.

La nouvelle culture sera donc
par-tout d'un grand avantage.
Pour le prouver, il ne faut que
faire la comparaison des frais
des deux cultures. C'est à quoi
je vais procéder, après avoir
fait auparavant quelques obser-
vations préliminaires, que je
crois nécessaires pour la parfaite intelligence de mon opération.

1°, L'arpent de comparaison,
situé à Triel près Poissy, est
de

de 100 perches, & la perche de vingt-deux pieds.

2°, On suppose que la Vigne met dix ans à se former & à prendre son dernier accroisse-ment. Ce dernier accroissement est supposé, lorsque la Vigne étant entiérement provignée, elle contient tous les ceps qu'el-le peut porter. Alors dans le préjugé commun, elle est cen-sée dans son plein rapport.

3°, Dès la seconde année, on fume la Vigne d'un bout à l'au-tre; & pour cela on compte au moins deux cents voies de fu-mier. La troisieme année, on monte la Vigne en échalas; la quatrieme, & quelquefois mê-me dès la troisieme, on com-mence à provigner; & à cet effet, on fait huit à neuf cents fosses, suivant la fo ce de la Vigne; la cinquieme, on con-tinue de la provigner, & ainsi

H

tous les ans, jufqu'à l'accom-
pliſſement des dix années, temps
auquel, & ſouvent auparavant,
la Vigne a reçue, ou à-peu-près,
cinq mille foſſes, deux cents
cinquante voies de fumier, indépendamment de deux cents de
premier fumage : on compte 24
mille échalas, ſuppoſés durer
vingt-quatre ans (*a*).

4°, Quoique dans la nouvelle
culture, l'arpent ne contienne
que trois mille ceps, on compte
ſix mille échalas par arpent, à
cauſe des longs bois & de l'é-
tendue qu'il faut donner aux fortes branches de ces ceps.

5°, Dans les Vignes toutes
formées, on compte que, pour
les entretenir en bon état & bien
échalaſſées, il faut par an trois
cents foſſes, vingt-deux voies
de fumier, à raiſon d'une voie

(*a*) Ces échalas ſont | quatre pieds & demi de
de bois de chêne ou de | haut.
châtaignier, & portent |

pour quatorze fosses, & un mille d'échalas.

6°, On compte les frais de plantation égaux dans l'une & l'autre culture, parce qu'on suppose qu'en général, au lieu de faire des fosses de deux pieds, comme je l'ai conseillé, la plus grande partie des Cultivateurs se contentera de les faire d'un pied de tout sens ; cela est plus économique, & c'est ainsi que la Vigne de la troisieme expérience a été plantée. Au surplus, si on faisoit les fosses plus profondes, la Vigne en viendroit plus vîte, & rapporteroit au moins une année plutôt ; ainsi par ce moyen l'excédent des frais se trouveroit remboursé & au-delà.

7°, A l'article des façons, je les ai réduites, dans la nouvelle culture, à la moitié des frais de l'ancienne ; parce qu'encore que

j'aie infinué de faire quatre &
même cinq labours, je fuppofe
toujours que l'on fe bornera à en
faire trois. La Vigne, malgré
cela, rapportera autant que dans
la maniere ordinaire, & il en
coûtera moins ; cependant je
confeillerai toujours, par les rai-
fons que j'ai expliquées ci-de-
vant à l'article des engrais, de
donner le premier des trois labours dans l'Automne : à la maniere d'Argenteuil, on met la
terre par buttes, & au Printemps
on la rabat. Il eft vrai que c'eft
une façon de plus ; mais cette
façon ne coûte pas un demi-la-
bour, & on en eft payé à la récolte qui en eft plus abondante.

8°, Dans les frais de plantation & d'entretien, j'ai compris
le fumier ; parce que je fuppofe
que du moins jufqu'à un certain temps, bien que la terre
foit préférable & moins coûteu-

fe, on continuera cependant de fe fervir de fumier, quoiqu'en bien moindre quantité qu'aupa-vant.

Voilà à-peu-près toutes les obfervations qui m'ont paru né-ceffaires pour faciliter l'intelli-gence de la comparaifon que je vais donner des frais des deux cultures.

CULTURE ACTUELLE.

PLANTATION.

Frais de plantation	50 liv.
Premier fumage, deux cents voies, ou fommes de cheval à une livre la voie. . .	200 liv.
Six cents bottes d'échalas, à 100 liv. le cent.	600 liv.
Cinq milles foffes, à 2 l. 10 f. le cent.	125 liv.
Fumier defdites foffes, à vingt fols la voie de fumier.	250 liv.
Total	1225 livres

NOUVELLE CULTURE.

PLANTATION.

Frais de plantation.	50 l.
Premier fumage.	100 l.
Cent cinquante bottes d'é- chalas	150 l.
Fumier.	62 l. 10 f.
Total	362 l. 10 f.

Partant, dans la méthode actuelle, les frais de plantation jusqu'à la parfaite progreſſion de la Vigne, excede ceux de la nouvelle de huit cents ſoixante-deux livres dix ſols, dont l'intérêt eſt de quarante-trois livres deux ſols ſix deniers par an.

CULTURE ACTUELLE.

ENTRETIEN.

Trois cents foſſes par an, à 3 l. par cent.	9 liv.
Fumier, 22 voies, à raiſon d'une voie pour quatorze foſſes.	22 liv.
Echalas, un millier.	25 liv.
Façon.	60 liv.
Total.	116 liv.

NOUVELLE CULTURE.

ENTRETIEN.

Fumier. . . . . 5 l. 10 f.
Echalas. . . . . 6 l. 5 f.
Façon. . . . . 30 l.
—————
Total . . . . 41 l. 15 f.

Partant, les frais de culture de la méthode actuelle, excede ceux de la nouvelle de soixante-quatorze livres cinq sols par an. A cette somme, il faut ajouter celle de 43 liv. 2 f. 6 den. pour l'intérêt desdites 862 liv. 10 sols : ces deux sommes font ensemble celle de 117 liv. 5 f. 6 den. par arpent. Or en supposant qu'il y ait en France trois millions d'arpents (a) de Vignes,

(a) M. de Vauban, Projet de dixme royale, suppute en France 30 mille lieues quarrées ; & dans la lieue quarrée, 4688 arpents 82 perches ; chaque arpent de 100 perches, & la perche de 20 pieds. Il compte 300 arpents de Vigne par lieue quarrée, ce qui, multiplié par 30000, donne 9 millions d'arpents de Vigne en France, non compris la Lorraine ; mais ce nombre paroît incroyable, & ne répond point à la consommation ni au commerce d'exfur chacun defquels il y ait annuellement une économie de 117 liv. 5 f. 6 den. Ces trois millions d'arpents multipliés par 117 liv. 5 f. 6 den. font trois cents cinquante-un millions huit cents vingt-cinq mille livres, dont le Cultivateur bénéficie par année dans la nouvelle méthode fur l'anciennne. Mais comme cette fuppofition faite pour tout le Royaume, feroit exhorbitante, réduifons l'économie annuelle à un tiers (*b*) de

portation, en ne fuppofant même que trois muids par arpent, au lieu de quatre que j'eftime l'un portant l'autre.

(*b*) On auroit pu, avec raifon, ne porter la réduction qu'à moitié, & non au tiers. En effet, depuis le premier Mars jufqu'au premier Octobre, les journées d'hommes qui ne font point nourris, ne fe payent communément, dans les environs de Paris, que vingt fols; & depuis le premier Octobre jufqu'au premier Mars, que quinze fols. Or il n'y a point de Vignoble en France, où, dans ces deux temps différents, les journées fe payent moins de la moitié, & il y en a beaucoup où elles vont aux deux tiers. Il en eft de même des engrais & des échalas; mais, pour prévenir toute difficulté, on a mis l'économie au plus bas.

la somme de 351 millions 825 mille livres, & certes la réduction est forte, ce sera encore une économie par année de 117 millions 275 mille livres.

On pourroit ajouter que la Vigne rapporte plutôt dans la nouvelle méthode que dans l'autre, qu'elle dure plus long-temps; enfin que la Vigne étant censée ne durer que cinquante ans, les frais de plantation dans l'ancienne culture excédant, suivant la réduction que nous venons de faire, ceux de la nouvelle de 287 liv. 10 sols par arpent, cette somme multipliée par trois millions d'arpents de Vignes qu'il y a en France, forme celle de 862 millions 500 mille livres, qui, dans la révolution de cinquante années, se trouve réellement en pure perte pour la culture de la Vigne, ou plutôt pour le Cultivateur. Mais

I

quelqu'importants que soient ces objets, on les laisse de côté pour remplir les vuides, & pour les modérations que l'on se croiroit en droit de prétendre. Toujours sera-t-on fondé à appuyer sur les considérations suivantes :

1º, En supposant que le Cultivateur qui économise sur sa culture 117 millions 275 mille liv. par an, n'en emploie que la moitié (*a*) aux autres productions, & que ces autres productions ne lui rapportent, tous frais faits, qu'un quart de profit; c'est encore environ 16 millions qu'il faut ajouter à ces 117 millions 275 mille livres; ce qui fait de bénéfice pour lui la somme de 133 millions 275 mille livres par année.

(*a*) L'économie consistant principalement, ainsi qu'on peut le voir, en engrais & en journées d'hommes, il est de toute nécessité que la plus grande partie de cette économie soit employée au profit de l'Agriculture.

2°, Les Cultivateurs plus aisés & dont le Vin, par sa qualité, pourra se conserver plus long-temps qu'à présent, seront plus qu'ils ne sont, en état d'attendre, & pourront bénéficier, les uns de 3, de 4, de 5 liv. par muid, & les autres de 10 de 20 liv. & plus.

3°, Les principes que j'ai établis ; les expériences que j'ai rapportées ; les exemples fréquents des ceps isolés qui produisent avec abondance, &, pour ainsi dire, sans aucune culture ; les longs bois qu'on peut laisser dans la nouvelle méthode en bien plus grande quantité que dans l'autre ; la distribution des ceps, qui, en même temps qu'elle est plus favorable à la végétation, les met presqu'entiérement à l'abri des accidents, tels que la gelée, la coulure & autres,

I ij

Toutes ces circonſtances doivent faire eſpérer non-ſeulement des récoltes plus ſûres &
plus égales, ce qui mérite la
plus grande attention , mais encore plus abondantes ; enſorte
qu'on peut tout au moins les eſ-
timer à un cinquieme de plus.

Quand on ne porteroit le
profit du Cultivateur ſur cet objet & celui de l'article précé-
dent qu'à 50 millions , & cela
n'eſt point exagéré ; ces 50 millions ajoutés auxdits 133 millions 275 mille livres , donneront plus de 180 millions , qui
font le montant du bénéfice an-
nuel de la nouvelle méthode
ſur l'ancienne. Quel avantage
pour le Cultivateur!

CHAPITRE XVII.

Des avantages de la nouvelle Culture, relativement à l'Agriculture & au Commerce.

LA MÉTHODE que je propose opere non-seulement le soulagement du Cultivateur, mais encore elle fournit à l'Agriculture une augmentation considérable d'hommes & d'engrais.

En effet, en supposant en France trois millions d'arpents de Vignes, il faut dans la méthode ordinaire, à raison de trois arpents pour un homme (*a*), un million de Vignerons pour les cultiver.

Dans mes principes au con-

(*a*) Cette supputation est reçu généralement.

I iij

traire, il eſt certain qu'en mettant les choſes au plus haut, il n'en faudra pas les deux tiers (*a*) ; par conſéquent c'eſt plus de trois cents mille Cultivateurs qui pourront s'employer aux autres productions & aux défrichemens. Dans tous les temps ce ſeroit aſſûrément un très-grand avantage ; mais dans la diſette où l'on eſt de Cultivateurs, une pareille recrue eſt, pour l'Agriculture , d'un prix inſtimable.

A l'égard des engrais , on peut ſuppoſer que deux arpents de Vigne , tant les Vignes faites que celles nouvelles plantées , employent au moins autant de fumier qu'un arpent de terre en blé (*b*). Si donc on ſupprime

(*a*) On en peut juger par la diminution du prix des façons.

(*b*) Il y a beaucoup de Vignes négligées , qui ne ſont point fumées , ou que très-peu ; mais auſſi il y en a beaucoup d'autres qui le ſont plus que je n'ai ſuppoſé ; & les Vignes nouvelles plantées le ſont encore plus que ces dernieres.

entiérement le fumier, voilà 15 cents mille arpents qui pourront être fumés dans la nouvelle méthode, qui ne peuvent pas l'être dans l'ancienne ; mais comme dans certaines terres il en faudra quelquefois, quoiqu'en petite quantité, on en peut retenir un quart au total ; il en restera encore dequoi fumer onze cents vingt-cinq mille arpents, qui produiront blé, chanvre & lin, où ils ne produisent peut-être rien, ou fort peu de chose.

Ainsi hommes & engrais, voilà les secours que la nouvelle méthode de cultiver la Vigne promet à l'Agriculture. Ils sont, comme l'on voit, de la plus grande importance, soit par l'augmentation des engrais, qui se doubleront encore par l'usage que l'on en fera (*a*),

(*a*) Le fumier des Vignes, transporté aux

foit par l'augmentation des Cultivateurs, ces derniers principalement, fi l'on en fuppofe une bonne partie appliquée à la charrue & aux défrichements, produiront à l'Agriculture par année plus de 100 millions de bénéfice, & au Roi plus de 30, en préfuppofant toutefois la libre exportation des grains hors du Royaume, reclamée par une foule de bons Citoyens auffi diftingués par leurs lumieres que recommandables par leur zele (b).

Quant aux progrès du Commerce, ils font une fuite naturelle & néceffaire de ceux de l'Agriculture. Du refte, pour peu que l'on fuive mes calculs, il eft aifé de voir que le Cultivateur employant une partie

---

terres, donnera de la paille & autres matieres propres à faire des engrais.

(b) Voyez l'Effai fur la police des grains; le Traité de la Confervation des grains par M. Duhamel; les Eléments du Commerce; Effai fur l'amélioration des terres; l'Ami des Hommes,

de son gain à ses besoins & à ses commodités (a), c'est un objet d'augmentation pour le commerce de plus de quatre-vingt millions par an de la part du Cultivateur seul. Tout se réunit donc ici en faveur de la méthode que je propose ; les progrès de l'Agriculture, les avantages du Commerce, mais sur-tout le soulagement du pauvre Cultivateur, & l'économie qu'elle lui procure ; voilà ce qui doit la rendre précieuse. Cette méthode, en remettant au Cultivateur, au Vigneron une partie de son temps, & presque tous ses fumiers, il pourra les employer à la culture des autres productions ; il pourra en enrichir ses terres qui, dans les Vignobles, ne sont toujours que

______

(a) Cela est supposé, puisqu'on ne compte que la moitié de son gain au profit de l'Agriculture.

trop négligées : tantôt il portera dans son champ le fumier qu'il mettoit autrefois dans sa Vigne ; tantôt il préparera pour le Lin ou le Chanvre la terre à laquelle „ faute d'engrais, il osoit à peine confier le moindre des grains : ici, moins précipité qu'auparavant dans son travail, il ira fouiller la terre qu'il ne faisoit qu'égratigner ; là, il ira enfin arracher, au mépris & à la stérilité, le champ que la multitude de ses trauvaux l'avoit contraint d'abandonner : par-tout, les campagnes, les Vignobles offriront le riche spectacle des terres les plus fécondes & les mieux cultivées. Le Vigneron, dont les greniers seront en proportion, & aussi bien garnis que ses celliers, n'ayant plus à redouter le fléau meurtrier de la faim, ne sera plus, comme il ne l'eſt que trop ſouvent, forcé de vendre ſon vin à perte (*a*), ou plutôt de le donner pour acheter du pain, que par cette raiſon il paie plus cher que le reſte des autres hommes. Tels ſont les effets bienfaiſants de la méthode que je propoſe : partout où elle ſera reçue, elle chaſſera, elle bannira l'indigence & la triſteſſe, pour y répandre la joie, la vie & l'abondance : ces biens en ſont une ſuite naturelle ; le Vigneron lui-même, quel que ſoit ſon préjugé, eſt obligé de les reconnoître. Du moins eſt-il certain que de tous ceux auxquels j'ai communiqué mon ouvrage, il n'y en a exactement aucun qui n'en avoue, avec une ſorte d'empreſſement, les principes & les avantages qui en réſultent. Quelques-uns, ainſi que

(*a*) Le beſoin, en preſſant le Vigneron de vendre ſon Vin à perte, eſt une des cauſes principales de ſa ruine.

plusieurs Amateurs de l'Agriculture, sont disposés à en faire l'épreuve au plutôt sur une portion de leurs Vignes. Mes Vignerons même, qui, dans l'opération que je leur ai fait faire aux miennes, ont le plus éclaté contre moi, maintenant que leurs celliers pleins de Vin, ils ont à peine l'aliment le plus nécessaire, ils commencent à se rapprocher de mon opinion, & à regretter le temps & la grande quantité d'engrais qu'ils ont prodigués à leurs Vignes, au préjudice de leur terre, qui les eût nourris, où elle leur est inutile.

En général, le Cultivateur est aujourd'hui si rebuté de la culture ingrate de la Vigne, qu'on peut dire qu'il est disposé à la changer, & à recevoir toutes celles dans lesquelles on lui fera voir moins de perte & quelques avantages. La méthode que je lui propose, en écartant entiérement toute idée de perte, lui présente un bénéfice certain & un retour avantageux. Il y a donc lieu de croire qu'il pourra l'adopter. Mais, pour opérer une révolution aussi grande, & la rendre générale, c'est peu des efforts d'un simple Citoyen, s'il n'est soutenu par le Gouvernement, & aidé par les Sociétés Royales d'Agriculture des différentes Généralités du Royaume. Ces Sociétés ayant, par leurs lumieres & par leur établissement, la confiance du Cultivateur, elles seules pourront le décider à abandonner sa routine ordinaire. C'est dans cette vue que j'ose leur adresser particuliérement mon Ouvrage. Cet Ouvrage, surtout en ce qui regarde le fond & l'essence du systême de culture économique que je propose,

& c'eſt dequoi il s'agit, me paroît fondé ſur des principes inconteſtables, & appuyé en outre & par ſurabondance, ſur des expériences de pluſieurs années auſſi déciſives qu'elles ſont certaines. J'ai donc ſujet de me flatter que toutes les Sociétés d'Agriculture accueilleront favorablement la nouvelle méthode, & qu'elles voudront bien ſe joindre à moi pour l'établir dans tous les Vignobles du Royaume. C'eſt le but de mon travail, & le ſuccès que l'on doit ſe promettre de leur zele pour la perfection de l'Agriculture & le ſoulagement du Cultivateur.

F